BEI GRIN MACHT SICH IHR WISSEN BEZAHLT

- Wir veröffentlichen Ihre Hausarbeit, Bachelor- und Masterarbeit

- Ihr eigenes eBook und Buch - weltweit in allen wichtigen Shops

- Verdienen Sie an jedem Verkauf

Jetzt bei www.GRIN.com hochladen und kostenlos publizieren

Christian Kubat

Sturmfluten an der Nordseeküste

GRIN Verlag

Bibliografische Information der Deutschen Nationalbibliothek:

Die Deutsche Bibliothek verzeichnet diese Publikation in der Deutschen National-
bibliografie; detaillierte bibliografische Daten sind im Internet über http://dnb.d-
nb.de/ abrufbar.

Impressum:

Copyright © 2009 GRIN Verlag GmbH
Druck und Bindung: Books on Demand GmbH, Norderstedt Germany
ISBN: 978-3-656-09909-3

Dieses Buch bei GRIN:

http://www.grin.com/de/e-book/184806/sturmfluten-an-der-nordseekueste

Sturmfluten an der Nordseeküste

Name:
  Christian Kubat

Studiengang:
  Geographie Diplom

Semesterzahl:
  7

Veranstaltung:
  OS Physische Geographie

  „Naturgefahren"

Datum:
  25.03.2009

Semester:
  WS 08/09

Inhaltsverzeichnis   **Seite**

1. Einleitung

Seitdem Menschen die Küstenregion der Nordsee besiedeln, wurde ihr Leben, ihr Handeln, vor allem aber das Anlegen sowie Schützen von Wohn- und Wirtschaftsstätten durch die Kraft des Meeres beeinflusst. Dabei ist die Küstenbevölkerung einer permanenten Gefahr ausgesetzt. Wo auf der einen Seite der Wechsel von Ebbe und Flut mit seinen Ablagerungen neues und fruchtbares Land erschaffen kann, kann eine Sturmflut auf zerstörerische Art und Weise die Küstenlinie verändern, den Siedlungsraum innerhalb von Stunden überfluten und tausende Menschenleben fordern. Um dieser Bedrängnis entgegen zu wirken ist kontinuierlicher Küstenschutz erforderlich, der zum einen kostenintensiv, zum anderen aber für die Menschen der Region lebensnotwendig ist. Doch was ist der Grund für die Entstehung von Sturmfluten? Wie unterscheidet sie sich von einer normalen Flut? Welche Ereignisse hatten in der Vergangenheit besonders große Auswirkungen? Wie versucht sich der Mensch zu schützen und ist eine Tendenz für die Zukunft zu erkennen? Dies sind die Fragen, mit denen sich die folgende Belegarbeit im Rahmen des Oberseminars Physische Geographie „Naturgefahren" auseinandersetzen wird.

2. Entstehung von Sturmfluten

Eine Sturmflut ist definiert als „eine außergewöhnlich hohe Flutwelle des Meeres, die durch auflandigen Sturm hervorgerufen wird". Dabei drückt der Wind über eine weite Strecke das Wasser in die Richtung, in die er weht und führt so zu einem Aufstauen der Wassermassen an der Küste. Die Wasserstände können dann unter den richtigen Bedingungen weit über dem üblichen Pegel ohne Sturmflutereignis liegen. Dies hängt neben astronomischen Bedingungen auch mit der Zugbahn des Sturms zusammen, sowie mit der räumlichen Konfiguration des betroffenen Küstenabschnitts.

2.1 Sturmwetterlagen

Die Beaufort-Skala klassifiziert Windstärken zwischen 75 und 88 km/h als Sturm, bis 102 km/h als schweren Sturm, bis 117 km/h als orkanartigen Sturm und alles darüber als Orkan. Die Ursachen der hohen Windgeschwindigkeiten sind besonders große Luftdruckunterschiede, welche wie folgt entstehen können. Durch Sonneneinstrahlung wird in einem Gebiet die Luft erwärmt. Dadurch dehnt sie sich aus und hat damit eine geringere Dichte als ihre Umgebung, weshalb sie nach oben steigt. Es kommt zur Entstehung eines Tiefdruckgebietes am Boden, da dort die aufsteigende Luft „fehlt" und der Druck tiefer ist. In Bodennähe muss nun Luft horizontal nachströmen und es entsteht Wind, der umso kräftiger wird, je höher die Druckunterschiede sind. Aufgrund der Erddrehung findet jedoch eine Umlenkung statt, die auf der Nordhalbkugel nach rechts und auf der Südhalbkugel nach links erfolgt. Bei einem Tiefdruckgebiet bedeutet dass, das die Luft, welche eigentlich aufgrund des geringeren Drucks ins Zentrum des Tiefs vordringt möchte, nach rechts abgelenkt wird und sich spiralenartig und *gegen* den Uhrzeigersinn um das Tief bewegt. Befindet man sich auf der Nordhalbkugel und steht mit dem Rücken zum Wind, ist links das Tiefdruckgebiet und rechts das Hochdruckgebiet. Im letzteren wird der nach außen strömende Wind auch nach rechts abgelenkt, wodurch er sich *im* Uhrzeigersinn um das Hochdruckgebiet dreht.

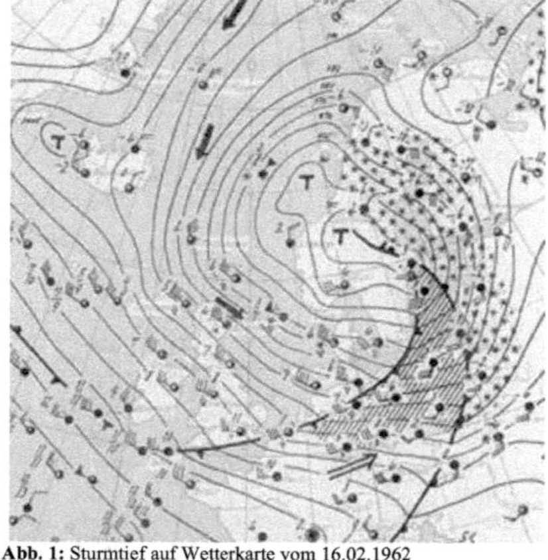

Abb. 1: Sturmtief auf Wetterkarte vom 16.02.1962
(www.geowissenschaften.de/dossier-detail-288-5.html, 18.11.2008)

Hat das Tiefdruckgebiet eine bestimmte Position erreicht, wird die Energie des in die Nordsee blasenden Windes auf die Wassermassen übertragen. Es ist jedoch nicht nur entscheidend, wie stark der Wind weht, sondern in welche Richtung er bläst (IfL, S. 120). In der Nordsee sorgen vorrangig kräftige Winde aus Nordwest für Sturmflutereignisse. Es kommt zur Bildung von Wellen und zum Aufstauen des Wassers an der Küste. Im Bereich der deutschen Bucht kann der Wind auf einer Länge von bis zu 700km das 20 bis 40m tiefe Wasser vor sich hertreiben.

Bei der Sturmflut vom 16./17. Februar 1962 spaltete sich das Tief „Vincinette" (die Siegreiche) von einem größeren Tief über Island ab und raste als Schnellläufer südostwärts in Richtung Skandinavien (vgl. Abb. 1). Die einströmende Nordmeer-Kaltluft steigerte den Sturm in der deutschen Bucht zu einem Orkan und führte zu katastrophalen Überschwemmungen.

2.2 Tide-Einfluss

Die Voraussetzung für Sturmfluten ist primär der Wind. Die Auswirkung und Wasserstandshöhe bei Flut kann jedoch durch die astronomischen Gegebenheiten beeinflusst werden. Hervorgerufen durch die Anziehungskraft des Mondes mit einer Mondgezeit von 12,4 Stunden ist das Eintreten von Ebbe und Flut ein immer wiederkehrendes Phänomen, welches dafür sorgt, dass ungefähr zweimal täglich das Wasser gegen die Küste läuft. Es wird überlagert von der

Anziehungskraft der Sonne, dessen Gezeit 28 Tagen beträgt. Wenn sich bei Vollmond oder Neumond Sonne, Mond und Erde in einer Linie befinden, kommt es zum Eintreten der Springtide, was bedeutet, dass sich die Anziehungskräfte ergänzen und die Flut sehr hoch ist. Während der Halbmondphasen spricht man von der Nipptide und die Sonnengezeit schwächt die Anziehungskraft des Mondes ab, wenn die Kräfte im rechten Winkel zueinander stehen (ERCHINGER, S. 19). Es ist also wahrscheinlich, dass Sturmfluten bei Springtide eine höhere Gefahr darstellen als bei Nipptide, jedoch kann auch bei letzterer durch die stärkere Wirkung des Windes der Wasserstand bedrohlich werden. Der Einfluss der Gezeiten spielt also eine Rolle, ist aber für das Entstehen von Sturmfluten keine Voraussetzung (IfL, S. 120). Im Bereich der Nordsee ist der unmittelbare Tide-Einwirkung durch Mond und Sonne aufgrund der kleinen Fläche gering, so lassen sich die Gezeiten an der dt. Nordseeküste überwiegend aus denen des Atlantischen Ozeans zurückführen (ebenda, S. 118).

2.3 Zugbahnen schwerer Stürme

Sturmfluten an der Nordseeküste entstehen vorrangig durch Tiefdruckgebiete, die sich über dem Nordatlantik bilden (IfL, S. 120). Diese ziehen in unterschiedlichen Bahnen über den Nordatlantik, jedoch lassen sich nach drei Haupttypen erkennen, unterschieden nach den Breitengradbereichen, in denen sie sich beim Überqueren des 8. Längengrades befinden (ERCHINGER, S. 29). Letzterer entspricht ungefähr der Westküste Jütlands (vgl. Abb. 2).

Beim *Jütlandtyp* quert das Sturmtief zwischen dem 55. und 57. nördlichen Breitengrad relativ schnell den 8. Längengrad und sorgt dadurch für kurze, aber starke Stürme, die zunächst aus

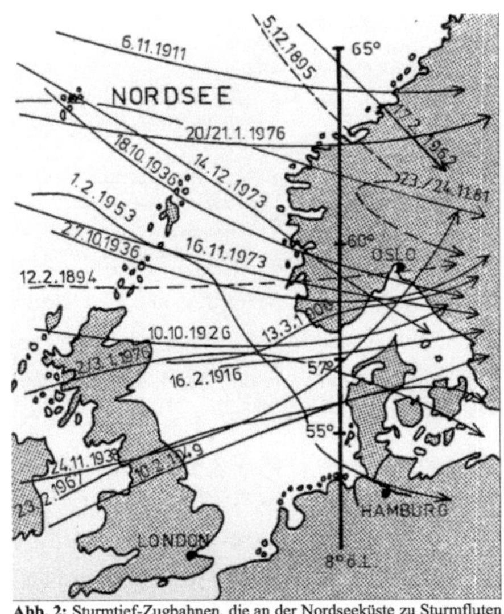

Abb. 2: Sturmtief-Zugbahnen, die an der Nordseeküste zu Sturmfluten führten mit Eintrittstag des Scheitelwasserstandes *(ERCHINGER, S. 25)*

Südwesten, dann Westen und schließlich Nordwesten blasen und dementsprechend für teilweise nur Stunden andauernden, aber hohen Windstau sorgen. Treten diese zeitgleich mit einem Springtidehochwasser auf, kann es zu Sturmfluten wie z.B. 1938, 1949 und 1967 kommen.

Der *Skagerraktyp* quert den 8. Längengrad zwischen 57 und 60 Grad nördlicher Breite und sorgte in den letzten 100 Jahren für die meisten schweren und sehr schweren Sturmfluten. Dabei ist in der Regel die gesamte deutsche Nordseeküste betroffen, wenn die von norden einlaufende Gezeitenwelle um die Wirkung der nordwestlichen Winde ergänzt wird. Da der Aufbau der hohen Wasserstände bis zu 24 Stunden dauert, ist hier eine gute Vorhersagbarkeit möglich (EHLERS, S. 43). Beispiele für diesen Typ sind die Sturmfluten vom 13. März 1906, vom 13. Januar und 16. Februar 1916, vom 10. Oktober 1926, vom 18. und 27. Oktober 1936 und vom 16. November 1973.

Beim *Skandinavientyp* queren die Tiefs den 8. Breitengrad zwischen dem 60. und 65. Breitengrad und sorgen für zwar weniger kräftige Nordwest-Stürme als beim Jütlandtyp, jedoch halten sie meist besonders lange an, wodurch der Wasserstand meist über mehrere Tage stark erhöht ist. Beim Eintreten der Springtide in diesem Zeitraum treten Sturmfluten wie am 5. und 6. November 1911, 16. und 17. Februar 1962, 20. und 21. Januar 1976 und 23. und 24. November 1981 auf. (ERCHINGER, S. 29). Auch hier lassen sich auf Sturmfluten gut vorhersagen. Aufgrund der Staueigenschaft können die letzten beiden Typen auch zum Windstautyp subsummiert werden, während man beim Jütlandtyp auch vom Zirkular-Typ spricht (EHLERS, S. 43).

2.4 Sturmflutkategorien

Ähnlich wie bei den oben erwähnten Windstärken können auch Sturmfluten

Einteilung der Sturmfluten	
Bezeichnung	Eintrittshäufigkeit des Scheitelwasserstandes
Leichte Sturmflut	10 bis 0,5 mal im Jahr
Schwere Sturmflut	Einmal in 2 bis 20 Jahren
Sehr schwere Sturmflut	Seltener als einmal in 20 Jahren

Tab. 1: Einteilung der Sturmfluten und Eintrittswahrscheinlichkeit *(ERCHINGER, S. 21)*

nach ihrer Höhe über dem mittleren Tidehochwasser (MThw) unterschieden werden. Ist der Wasserstand an der Küste zwischen 1,50 und 2,50m höher als das MThw, spricht man von einer *leichten Sturmflut*, bei 3,50m von einer *schweren Sturmflut* und darüber von einer *sehr schweren Sturmflut*. Zu Beachten ist jedoch, dass aufgrund der unterschiedlichen Küstenkonfiguration, die Lage im Luv oder Lee, der Windrichtung und Wellenausbreitung und der Stauwirkung an einem Pegel die Sturmflut anders eingestuft werden kann als an einem anderen. Für den Pegel Cuxhaven liegt das MThw bei 1,52m über NN, wenn also eine normale Flut ohne Sturmwirkung diese Höhe im Mittel erreicht. Das bedeutet, dass bei Sturmfluten ab 3,02m über NN von einer leichten Sturmflut, ab 4,02m von einer schweren Sturmflut und ab 5,02m von einer sehr schweren Sturmflut in Cuxhaven gesprochen wird. Beim Ereignis vom 3. Januar 1976 stieg das Wasser binnen Stunden auf 3,72m über MThw (5,22m gesamt) und war damit eine sehr schwere Sturmflut. Tab. 1 zeigt die Eintrittshäufigkeiten der verschiedenen Kategorien.

3. Chronik der letzten 1000 Jahre

Sturmfluten sind seit ungefähr 1000 Jahren einigermaßen gut datiert, wobei in der Anfangszeit vor allem Pastoren eine wichtige Rolle spielten, indem sie Mitteilungen schriftlich festhielten. Die ihnen zugetragenen Informationen waren jedoch nur überliefert, weswegen manche Angaben ungenau und mit Vorsicht genießen zu sind. Dazu kommt, dass die Angabe der Anzahl der Toten im Mittelalter nicht unmittelbar die ertrunkenen Siedler meint. Durch Überflutungen ganzer Landstriche war fruchtbares Ackerland zunächst zerstört oder einer Neunutzung beraubt und es kam zu Hungersnöten, wodurch sich die hohen Todeszahlen erklären lassen.
Eine vollständige Auflistung aller Sturmfluten erscheint wenig sinnvoll, weswegen im Folgenden nur auf bedeutende Fluten eingegangen wird, die entweder viele Menschenleben gekostet haben oder die Küstenkonfiguration stark veränderten.

Die erste erwähnenswerte Flut fand am 17.02.1164 statt und wird als *Julianenflut* bezeichnet. Sie forderte ungefähr 20.000 Menschenleben und es kam zum ersten Einbruch im Bereich des heutigen Jadebusens. Vor allem zwischen Rhein und Elbe waren die Schäden am größten. In der darauf folgenden Zeit führte nach der Marcellusflut (1219) und der Allerkindleinsflut (1248) die *Luciaflut* vom 14.12.1287 zu großen Verheerungen an der gesamten Küste. Die Sturmflut war höher als bisher je gesehen und der Jadebusen wurde stark erweitert. Nach der Clemensflut (1334) forderte die *Zweite Marcellusflut* vom 16.01.1362, welche auch 1. Mandränke genannt wird, als schwerste Flut überhaupt 100.000 Menschenleben, da nach der Katastrophe in den betroffenen Gebieten auch die Pest ausbrach. Es kam zu riesigen Landverlusten. Es folgte die Dionysiusflut (1374) und die Cäcilienflut (1412) bis es am 26.09.1509 bei der *Cosmas- und Damianflut* zur größten Ausdehnung des Dollarts kam. Die erste Fixierung des Wasserstandes konnte für die *Allerheiligenflut* am 01.11.1570 mit einer Fluthöhe von 4,40m über NN an der Kirche Suurhusen bei Emden festgestellt werden, das Wasser stand bis weit ins Binnenland. Nach der Fastelabendflut (1625) kam es am 11.10.1634 zur *2. Mandränke*, die vor allem in Schleswig Holstein Schaden anrichtete, 13.000 Menschenleben forderte und durch viele Deichbrüche zu einer neuen Küstenlinie führte. Große Teile der nordfriesischen Inseln gingen dabei unter. Die höchste bis dahin bekannte Sturmflut war die *Weihnachtsflut* vom 25.12.1717 und erfasste die gesamte Küste von Holland bis nach Dänemark. 11.150 Menschenopfer und 100.000 tote Vieh waren zu beklagen. Am 3./4.02. 1825 kam es im Laufe der *1. Februarflut* zu vielen Deichbrüchen. Mit einer Höhe von 5,24m über NN beim Pegel St. Pauli war dies der höchste Stand bis ins Jahr 1962. 800 Menschen verloren ihr Leben und die Marsch war bis zum Geestrand überflutet. Es folgten die Januarsturmflut (1895) und die Märzflut (1906). Während die deutschen Küsten relativ glimpflich davon kamen, wird die

Hollandflut vom 31.01./1.02.1953 als schwerste Naturkatastrophe im Bereich der Nordsee beschrieben. Davon betroffen waren vor allem die Niederlande, Belgien und Groß Britannien mit 2.160 Toten und 500 Millionen Euro Schaden.

Am 16. und 17.02.1962 kam es zur *2. Februarflut*. Es war die höchste bisherige Sturmflut mit vielen Deichbrüchen in Niedersachsen, 340 Toten und Schäden vor allem Entlang der Elbe und der Weser, die auf unzureichende Flussbedeichung zurückzuführen waren. Insgesamt waren 400km Deiche stark beschädigt, es gab viele Deichbrüche, 1255 Wohnungen waren zerstört und 2700 beschädigt. Der bis heute höchste Wasserstand gehört zur *Januarflut* am 3.01.1976. Der Pegel St. Pauli lag bei 6,45m über NN und es kam zu Schäden an Deichen, Schleusen und Häfen (NLWKN; LIEDTKE, S. 336; IFL, S. 121; ERCHINGER, S. 30).

4. Entwicklung der Küstengestalt

Küsten zählen zu den geomorphologisch dynamischsten Gebieten der Welt. Dabei bilden sie keine Linie, sondern umfassen einen breiten Übergangsbereich zwischen Land und Meer. Tritt an einer Flachen Küste noch Ebbe und Flut hinzu, können sich diese Bereiche über mehrere Kilometer erstrecken. Küsten sind dreidimensionale Kampfräume der Hydrosphäre, Atmosphäre und Lithosphäre. Überträgt man diese Sichtweise auf die Nordseeküsten, dann wirken die Sturmtiefs (Atmosphäre) auf die Wassermassen der Nordsee (Hydrosphäre), welche wiederum Land (Lithosphäre) schaffen, verändern, vernichten oder überfluten können. Im Vergleich zu den gelegentlich auftretenden Sturmfluten haben die Gezeiten hat an der Nordseeküste weniger Einfluss auf die Küstenformung.

4.1 Postglazialer Meeresspiegelanstieg

Während der letzten Eiszeit war ein großer Teil des Wassers im Eis gebunden, weshalb der Meeresspiegel seiner Zeit um mehr als 100m tiefer lag. Die deutsche Bucht war zu diesem Zeitpunkt größtenteils trocken und nicht mit den Weltmeeren verbunden.

Mit dem Ende des Weichsel-Spätglazials vor ca. 10.000 Jahren und der starken Erwärmung schmolzen die Eismassen und Gletscher ab und der Meeresspiegel stieg dementsprechend an – mit Raten von anfänglich bis zu 4m pro Jahrhundert wieder. Die Küstenlinie der heutigen deutschen Bucht war zum Beginn des Holozäns noch um 400 bis 500km meerwärts verlagert und lag ungefähr auf der Linie Dublin – Stockholm.

Die Prägung der Küstenstruktur erfolgte durch Transgression, also dem Überfluten der Landflächen, die im vergangenen Glazial trocken gefallen waren. Jedoch verlangsamte sich der

Meeresspiegelanstieg auf wenige Zentimeter pro Jahrhundert und der Wasserstand erreichte vor 4000 bis 5000 Jahren das ungefähre heutige Niveau. In den darauf folgenden Jahren kam es zu einem immer wiederkehrenden Wechsel von Transgression und Regression, in deren Zügen sich auch die Marschen gebildet haben. Deren Aufbau mit wechselnden Lagen aus Ton, Sand und Torf zeugt von Phasen der Moorbildung mit anschließender Überschwemmungsphase (IfL, S. 76).

4.2 Veränderung des Küstenverlaufs seit 2000 Jahren

Mit dem Stillstand des postglazialen Meeresspiegelanstiegs vor ca. 4000 Jahren wird der Küstenverlauf nicht mehr durch das Überfluten von vorher im Glazial trocken gefallenen Landflächen geprägt. Es kam vielmehr dazu, dass der Meeresspiegel beispielsweise um Christi Geburt wieder ein wenig absank (Regression) und die Menschen das Land besiedelten. In der darauf folgenden Transgression stieg der Meeresspiegel langsam wieder an und so mussten Siedlungen aufgegeben oder Küstenschutzmaßnahmen initiiert werden. Seit dieser Zeit konnte der Mensch dem Meer Land abgewinnen, musste aber auch zusehen, wie große Teile der Landschaft vor allem während Sturmfluten wieder im Meer versanken.

Abbildung 3 zeigt die unterschiedlichen Stadien der vergangenen 2000 Jahre Küstenentwicklung an der Nordsee. Die orange Linie zeigt den Küstenverlauf um *Christi Geburt*. Dollart und Jadebusen sind zu diesem Zeitpunkt noch nicht offen, jedoch liegt die südliche Westküste Schleswig Holsteins viel weiter östlich als heute. Die heutigen nordfriesischen Inseln sind zu dieser Zeit noch komplett zusammenhängend.

800 Jahre später (rote Linie) hat sich die nordfriesische Küstenlinie nur leicht landeinwärts verlagert, während südlich davon Land gewonnen werden konnte. Es kam zum ersten Einbruch des Jadebusens und des Dollarts, sowie zur Entstehung der heute nicht mehr vorhandenen Harlebucht nordwestlich von Wilhelmshaven, bei gleichzeitigem Landgewinn in den Mündungsbereichen der Weser und der Elbe. Mit den schweren Sturmfluten von 1164 & 1287 weiteten sich Dollart und Jadebusen weiter aus. Die Mandränke von 1362 sorgte für riesige Landverluste im Bereich der nordfriesischen Inseln und die Küstenlinie verlagerte sich weit ins Landesinnere hinein. Auch entlang der Elbe kam es bis *1500 n. Chr.* zu erheblichen Landverlusten. Grund für die riesigen Landverluste waren folgende. Durch ein Absinken des Meeresspiegels um Christi Geburt fiel Land trocken, welches schnell besiedelt wurde. Ein Jahrhundert später stieg der Meeresspiegel wieder an und die Menschen mussten sich durch die Anlage der Häuser auf Hügeln (Warften) schützen, welche sukzessive erhöht werden mussten (vgl. 5.1).

Zum anderen sorgten der spätere Salz- und Torfabbau, sowie die Entwässerung des Bodens hinter den seit dem 11. Jahrhundert errichteten Deichen für eine Absenkung der Geländeoberkante. Wenn ein Deich während einer Sturmflut brach, wurden Gebiete überflutet, die teilweise unter dem normalen Meeresspiegelniveau lagen.

Hinzu kam, dass aufgrund der zahlreichen Eindeichung immer mehr Überflutungsflächen von der Nordsee abgeschnitten waren und dadurch der Sturmflut-Wasserstand an den Deichen künstlich verstärkt wurde. Zwar konnte seitdem auch wieder Land gewonnen werden, die ursprüngliche Küstenkonfiguration von 800 n. Chr. ist vor allem in Nordfriesland *bis heute* (blaue Linie) nicht wieder erreicht worden. Die ehemalige Harlebucht (nordwestlich Wilhelmshaven) ist heute wieder komplett geschlossen, ähnlich haben Dollart und Jadebusen nicht mehr riesige Ausdehnungen wie um 1500 n. Chr.

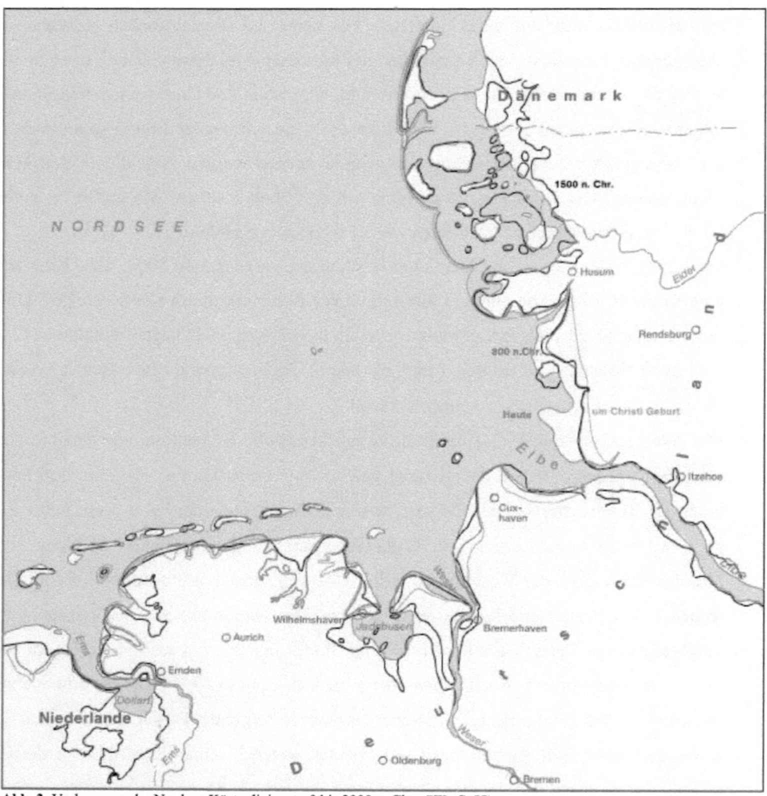

Abb. 3: Verlagerung der Nordsee-Küstenlinie von 0 bis 2000 n. Chr. *(IFL, S. 77)*

5. Schutzmaßnahmen

Es gibt zwei Hauptgründe, warum die Menschen im Laufe der Zeit damit begannen, ihre Siedlungen vor Überflutungen bei Sturmflutereignissen zu schützen. Zum einen fanden immer wieder die oben erwähnten Besiedlungen statt, wenn bei kleinen Regressionen Gebiete trocken fielen. In den darauf folgenden wenigen Jahrhunderten stieg der Meeresspiegel wieder und die Siedlungen sollten nicht aufgegeben werden. Zum anderen legten Salz- & Torfabbau, sowie das Trockenlegen des Deichhinterlandes die Geländeoberfläche niedriger und das Wasser drohte Gebiete unter zu überfluten, die teilweise unter dem Meeresspiegelniveau lagen. Heutzutage kommt noch der Schutz von Naturdenkmälern und Gebäuden hinzu, die sich dort befinden, wo die Küste landeinwärts verlagert wird.

Küstenschutzmaßnahmen sollen vor zwei Vorgängen schützen. Beim *Abrasionsschutz* soll verhindert werden, dass Material von einem Teil der Küste abgetragen wird und so die Küstenlinie landeinwärts wandert. Dies umfasst beispielsweise die Sicherung von Kliffs, an deren Oberkante sich Siedlungen befinden. Der *Hochwasserschutz* hingegen soll das Land davor bewahren, bei einer Sturmflut überflutet zu werden.

Schutzmaßnahmen können in aktive oder passive Maßnahmen einsortiert werden. Passiv bedeutet hierbei, dass man gewillt ist, ein Bauwerk / eine Methode einzusetzen, welche die Schadenswirkung einer (Sturm-)flut auf Dauer herabmildern soll. Aktive Maßnahmen hingegen müssen immer wieder durchgeführt werden, damit der Schaden begrenzt wird. Im Folgenden werden die verschiedenen Methoden des Küstenschutzes erklärt. Die zuerst aufgeführten beiden Maßnahmen dienen dem Hochwasserschutz, während die anderen Maßnahmen Abrasionsschutz bewirken (sollen).

5.1 Warften/Wurten

Bis zum Beginn des Deichbaus haben sich die Bewohner der Marschflächen vor Sturmfluten geschützt, indem sie seit ca. 2000 Jahren einzelne Häuser, Hausgruppen oder sogar ganze Dörfer auf aufgeworfene Hügel gesetzt haben (vgl. Abb. 4). Die unterschiedlichen Bezeichnungen beziehen sich auf die geographische Lage, jedoch nicht auf die Eigenschaft der Erhe-

Abb. 4: Warft auf Hallig Oland
(http://www.famliermann.de/Halligbig.jpg, 17.11.2008)

bungen. So werden sie in Dithmarschen „Wurten" genannt, in Nordfriesland „Warften", in Niedersachsen „Wierden" und in Dänemark „Vaerfter". Zunächst bestand das Material aus Mist aus den Höfen der Bewohner und aus Klei, wobei die Ansammlung / Aufwerfung sehr langsam von statten ging. Seit dem 11./12. Jahrhundert musste die Anhebung jedoch schneller gehen, da es vermehrt zu Sturmfluten kam. Deshalb wurde ab diesem Zeitpunkt nur noch Klei genutzt, welcher als toniger Marschboden aus dem Umland abgebaut wurde. Der Deichbau löste diese Schutzmaßnahme allmählich ab, jedoch entstanden noch im 19. Jahrhundert Warften auf den Halligen, da es dort keinen entsprechenden Deichbau gab (GESELLSCHAFT FÜR SCHLESWIG-HOLSTEINISCHE GESCHICHTE).

5.2 Deiche

Bis etwa 900 n. Chr. genügten die Warften (vgl. 5.1), um sich bei Sturmfluten vor Hochwasser zu schützen. Danach stieg der Meeresspiegel so weit an und die Häufigkeit von Sturmfluten wurde so groß, dass es notwendig wurde, sein Land durch angelegte Dämme vor dem Wasser zu bewahren. Zunächst wurden diese linienhaften Bauten, welche grundsätzlich eine sanfte Außenböschung und eine steile Innenböschung haben, als sog. Ringdeiche angelegt, in deren Mitte meist eine Warft war. Die Ringdeiche umfassten als Sommerdeiche die Ackerflur und boten so Schutz während der Vegetationsperiode. Im Winter lies man dementsprechend ein Überfluten dieser Flächen zu, da die ersten Ringdeiche auch nur 1,5m über das Umland ragten. Erste Winterdeiche gab es ab dem 13. Jahrhundert. Diese umfassten mehrere Gemarkungen und verliefen parallel zu den Küsten. Um diese zu unterhalten, musste jeder Bauer, dessen Gemarkung durch einen Deich geschützt war, Mitglied einer Kluft sein, einer straff organisierten Gemeinschaft. Durch die Anlage dieser Deiche in ganz Schleswig-Holstein kam es zur Herausbildung des so genannten „Goldenen Rings". Dieser schützte die Seemarsch vor Überflutung, machte jedoch auch eine Entwässerung des Binnenlandes notwendig. Erste Maßnahmen dazu waren beispielsweise Siele, bestehend aus ausgehöhlten Baumstämmen, gezimmerten Kanälen und verschließbaren Wehren. Da sich das Marschland durch die Entwässerung, die Nutzung des Bodenmaterials und den Torf- & Salzabbau mit zunehmendem Alter absenkte, musste das unerwünschte Wasser teilweise über weite Strecken zur Küste transportiert werden. Windmühlen verrichteten die notwendige mechanische Arbeit (ERCHINGER, S. 45f.). Die treppenartigen Erhöhungen des Landes von älteren zu neueren Marschflächen werden Poldertreppen genannt.

Seitdem wurden die Deiche immer höher und sicherer, wodurch auch der Aufwand für den Unterhalt stieg. Jener war zunächst Sache der Gemeindegenossenschaft, deren Eigentum die Deiche waren. Heute lassen sich alte Deiche an (ehemaligen) Grenzen von Kirchspiel-Gemeinden nachweisen. Wenn ein Grundeigentümer innerhalb des Deiches ein Eigentum hatte, war er aufgrund folgender Grundsätze zur Erhaltung des Deichschutzes verpflichtet: *Kein Land ohne Deich, kein Deich ohne Land. So viel Land, so viel Deich.* Dies bedeutet zum einen, dass der nicht mögliche Unterhalt eines Deichabschnittes durch den Bauern gleichzeitig die Abgabe des Grundstücks bewirkte. Zum anderen entsprach die zugewiesene Deichlänge auch der Größe des eigenen Grundstücks. Diese alte Form der Deichbewirtschaftung wird Kabel

deichung genannt (ebenda, S. 46).

Ab dem 17. Jahrhundert wurden die früher mit Holzbrettern teilkonstruierten Deiche (Schardeiche) durch Besteinigungen verstärkt, welche jedoch nur für lange Strecken sinnvoll waren (Steindeiche). Deshalb wurde ab diesem Zeitpunkt die Verpflichtung des eigenen Unterhalts der Deiche durch Grundstücksbesitzer aufgehoben und die notwendigen Maßnahmen durch finanzielle Beteiligung durchgeführt. Solche

Abb. 5: Bau eines Deckwerkes *(http://www.jeschke-bau.de/web/media/bilder/Deckwerk%202.jpg, 17.11.08)*

Deckwerke bestehen aus Granit, Basalt oder Sandstein und haben am Deichfuß bei Sturmfluten die meiste Energie zu vernichten (vgl. Abb. 5).

Die Entwicklung im Deichbau und die Verstärkung der Sturmfluten haben dazu geführt, dass moderne Deiche eine Höhe der Deichkrone von bis zu 8,50m über NN und eine Sohlenbreite von bis zu 120m haben (vgl. Abb. 6). Die Außenböschung hat eine Steigung zwischen 1:8 und 1:4, die Innenböschung von 1:3. Der kompakte Sandkern ist von einer ca. 1,5m dicken Klei-

Decke überzogen. Schafe auf den Deichen dienen dazu, dass die Ansaat auf der Kleidecke kurz gehalten wird und die Tiere durch ihr Gewicht den Boden verfestigen (IfL, S. 120f.).

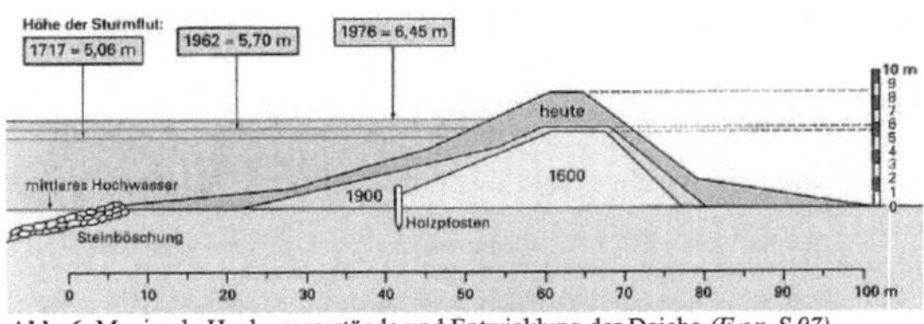

Abb. 6: Maximale Hochwasserstände und Entwicklung der Deiche *(FALK, S.97)*

5.3 Abrasionsschutzmaßnahmen

Der Abrasionsschutz soll vermeiden, dass an Küstenabschnitten Abtragung oder Zerstörung statt findet, wodurch die Küste landeinwärts verlagert wird.

Am Strand findet man häufig quer zum Strand verlaufende Holz oder Steinpfeiler, die einige zehner Meter ins Mehr hinein verlaufen und als *Buhnen* bezeichnet werden. Sie sollen die Strömung vom Uferbereich ablenken und sind z.B. bei vielen ostfriesischen Inseln eine Maßnahme, um die Annäherung der Seegats an die Inseln zu verlangsamen oder zu stoppen. An der deutschen Nordseeküste werden vor allem Buhnen aus Basaltpflaster eingesetzt (EHLERS, S. 104ff). Versuche mit Eisenbuhnen auf Sylt schlugen fehl, da diese korrodierten und eine Gefahr darstellten, da sich Badegäste daran verletzen konnten. Deshalb wurden sie wieder entfernt. Das Problem bei Buhnen ist die Herausbildung des Lee-Seiten-Effektes mit einem entsprechenden Abtransport von Material, der stärker sein kann als die Akkumulationsfunktion der Buhne an der Luv-Seite.

In den 70er Jahren wurden auf Sylt sogenannte Tetrapoden entweder parallel zur Küste zur Verringerung der Wellenenergie bei Sturmfluten oder senkrecht zur Küste zur Vermeidung eines Abtransportes von Sand durch Querströmungen eingesetzt (vgl. Abb. 7). Es stellt sich jedoch heraus, dass diese 6 Tonnen schweren Objekte bei Sturmfluten langsam im Sand versinken und die erwünschte Wirkung nicht eintritt. Generell wird diese Maßnahme, also das Positionieren von Steinen zum Küstenschutz als *Steinschüttung* bezeichnet.

Abb. 7: Tetrapoden auf Sylt *(http://you-wee-because. blogspot.com/2007_11_01_archive.html, 17.11.08)*

Im Jahr 1951 wurde auf der Insel Norderney die europaweit erste *Sandvorspülung / Strandaufspülung* durchgeführt. Dabei wurden 1,25 Mio. m³ Sand auf 6km Fläche vor den Uferschutzwerken abgelagert und bilden dort mit einer Höhe über MThw einen Schutz der Uferschutzwerke. Diese Maßnahme ist die einzige aktive Maßnahme im Küstenschutz, es handelt sich jedoch auch um Verschleißkörper. Der Sand wird durch die Strömung an der Küste entlang transportiert und wandert somit von der Stelle, wo er platziert wurde an eine andere Stelle. Deshalb muss eine Spülung in einem bestimmten Rhythmus wieder erneuert, bzw. ausgebessert werden. Unterlässt man dies, kann das Auswirkungen auf einen relativ großen Küstenbereich haben. Es hat sich herausgestellt, dass häufig wiederholte kleine Aufspülungen zwar die teuerste, aber optimale Lösung darstellen. Würde man mit längerem Abstand immer sehr große Mengen ablagern, wären die Anfangsverluste enorm. Die Herkunft des Sandes befindet sich in der Regel mehrere Kilometer seewärts. Diese Art des Küstenschutzes bewirkt, dass die Wellenenergie bereits vor dem zu schützenden Küstenabschnitt verringert wird, da sie dort dem Abtransport des Sandes unterliegt (ebenda, S.108). Bei Sylt wurde diese Maßnahme 1972 zum ersten Mal durchgeführt, wobei von den 1 Mio. m³ Spülsand 30% des Feinanteils sofort verloren ging und die Spülung 1979 erneut durchgeführt werden musste (IfL, S. 121).

Lahnungen sind 60 bis 80cm hohe, einfache schmale Dämme oder Pfahlreihen mit Flechtwerk und dienen durch Verringerung der Wasserbewegung zum einen dem Abrasionsschutz, zum anderen kann mit ihnen im Wattmeer Land gewonnen werden. Durch das Flechtwerk wird bei Ebbe und Flut die Sedimentation gefördert, weshalb das gewonnene Vorland den Deich vor dem Angriff der Wellen schützt. Lahnungsfelder sind in der Regel 200m lang und 100m breit.

Weitere Maßnahmen umfassen die *Bepflanzungen von Dünen*, die Anlage von *Sandfangzäunen*, die *Pflege von Salzwiesen* und das Anlegen von *Ufermauern* aus Steinen oder Beton. Letztere befinden sich in der Regel innerhalb von Orten oder Häfen, dienen jedoch nicht dem Schutz an exponierten Stellen, da sie dort schnell durch den Brandungsschlag zerstört werde (ebenda, S.121).

5.4 Küstenschutzplanung (in Schleswig Holstein)

Das Bundesland Schleswig-Holstein hatte nach der schweren Sturmflut von 1962 einen Generalplan zum Küstenschutz erstellt, der bis in das Jahr 2000 verbindliche Maßnahmen umfasste. Der wissenschaftliche Kenntnisstand und die Entwicklung haben eine Neuerarbeitung notwendig gemacht, deren Ergebnis der *Generalplan Küstenschutz vom Ministerium für ländliche Räume, Landesplanung, Landwirtschaft und Tourismus des Landes Schleswig-Holstein* ist. Er umfasst neben dem Leitbild des Küstenschutzes mit den daraus abgeleiteten Entwicklungszielen, die Charakterisierung des neu definierten Planungsgebietes, Rechts- und Planungsbedingungen, den Landesschutzdeich als wichtigstes Instrument des Küstenschutzes, sonstige Küstenschutzmaßnahmen, eine Maßnahmenagenda, sowie einen Ausblick in die Zukunft. Im Anhang des Plans befinden sich die dazugehörigen Karten, welche neben der Topographie die vorhandenen und zukünftigen Küstenschutzmaßnahmen abbilden.

6. Ausblick

Die Angabe der Wahrscheinlichkeit, wie sich die Sturmflutsituation im Bereich der Nordsee entwickeln wird, ist nicht ohne weiteres möglich. Betrachtet man bisherige Statistiken, dann gibt es beispielsweise seit 1974 pro Jahr im Durchschnitt 16 Sturmfluten, während es bis in die 60er Jahre hinein nur 10 waren (ERCHINGER, S. 179). Dies würde für eine Zunahme der Sturmflutwahrscheinlichkeiten sprechen. Ein weiterer Faktor ist die Erhöhung des Meeresspiegels.

Die Wellenhöhe wird unter anderem durch die Wassertiefe begrenzt. Ein Anstieg von 1,00m auf 1,20m würde eine Verstärkung der Wellenenergie um 60% bewirken.

Neben „negativ" wirkenden Einflussgrößen gibt es jedoch auch Indizien, die für eine Abnahme sprechen. Schaut man sich die Werte des geostrophischen Windes seit dem späten 19. Jahrhundert

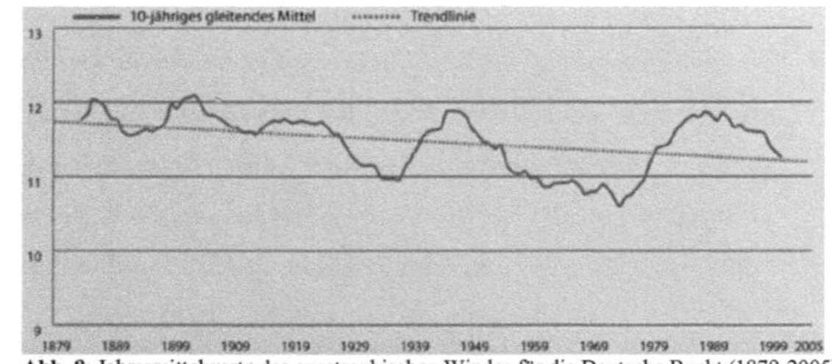

Abb. 8: Jahresmittelwerte des geostrophischen Windes für die Deutsche Bucht (1879-2005) in m/s *(http://www.sturmflutwarnung.de/pgs/sturmflutenZunahme.php, 18.11.2008)*

im 10-jährigen gleitenden Mittel an, verläuft die Häufigkeitsverteilung an stärkeren Winden sehr zyklisch (vgl. Abb. 8). Waren die Jahre um 1950 von ähnlicher Intensität geprägt wie die 80er und 90er Jahre, so nimmt zum Jahr 2005 hin die Intensität wieder ab und der allgemeine Trend verlagert sich langsam von 12 auf 11 m/s. Zusammen mit der Annahme, dass sich die Tiefdruckzone aufgrund der globalen Temperaturerwärmung nach Norden verlagern wird, könnte man die Schlussfolgerung ziehen, dass sich vermutlich die Sturmflutenhäufigkeit oder Intensität verringern wird.

Eine eindeutige Aussage ist bei dieser Gegenüberstellung von pro und kontra nicht einfach zu treffen, jedoch können für Planungen im Küstenschutz Szenarien genutzt werden, wie sie beispielsweise die INTERGOVERNMENTAL PANEL ON CLIMATE CHANGE (IPCC) herausgibt. In dessen pessimistischem A2 Szenario (3°C wärmer, 40cm höherer Meeresspiegel) verändern sich die zu erwartenden Sturmfluthöhen im Nordseebereich für 2070-2100 relativ zu heute um bis zu 0,4m, was insgesamt einer Erhöhung von 80cm entsprechen würde (GKSS). Eine dementsprechend zu realisierende Anpassung der Küstenschutzbauwerke wäre massiv, jedoch auch erst in mehreren Jahrzeiten erforderlich. Inwiefern wirklich Veränderungen auftreten bleibt abzuwarten. Es ist jedoch zu vermuten, dass sich der Jahrhunderte lange Umgang und die Erfahrung der Küstenbevölkerung der Nordsee auch an neue Situationen anpassen kann.

Quellen

BRANDT-VERLAG: sturmflutwarnungen.de – Nehmen Sturmfluten zu?
http://www.sturmflutwarnung.de/pgs/sturmflutenZunahme.php, (17.11.2008)

EHLERS, J. (2008): Die Nordsee, Darmstadt.

ERCHINGER, H. F. & STROMANN, M. (2004): Sturmfluten, Küsten- und Inselschutz zwischen Ems und Jade, Norden.

FALK., G. C. & LEHMANN, D. [HRSG.] (2002): Nordseeküste, Exkursionen zwischen Sylt und Elbmündung, Gothia.

GESELLSCHAFT FÜR SCHLESWIG-HOLSTEINISCHE GESCHICHTE [HRSG.] (2008): Schleswig-Holstein von A bis Z, 18.07.2008.
http://www.geschichte-s-h.de/vonabisz/warften.htm (17.11.2008)

GKSS Forschungszentrum Geesthacht GmbH [Hrsg.] (2005): GKSS Jahrestagung 23. Juni 2005, Kiel
http://coast.gkss.de/staff/storch/PPT/GKSS/GKSS%20Jahresversammlungen/kiel.2005.ppt
(17.11.2008)

INSTITUT FÜR LÄNDERKUNDE IfL [HRSG.] (2003): Nationalatlas Bundesrepublik Deutschland – Relief, Boden und Wasser, Leipzig.

KELLETAT, D. (1999): Physische Geographie der Meere und Küsten, Leipzig.

LIEDTKE, H. & MARCINEK. J. [HRSG.] (2002): Physische Geographie Deutschlands, Gotha.

MINISTERIUM FÜR LÄNDLICHE RÄUME, LANDESPLANUNG, LANDWIRTSCHAFT UND TOURISMUS DES LANDES SCHLESWIG-HOLSTEIN [HRSG.] (2001): Generalplan Küstenschutz – Integriertes Küstenschutzmanagement in Schleswig-Holstein 2001

NIEDERSÄCHSISCHER LANDESBETRIEB FÜR WASSERWIRTSCHAFT, KÜSTEN- UND NATURSCHUTZ NLWKN [Hrsg.]: Katastrophen-Sturmfluten seit 1164.
http://www.nlwkn.niedersachsen.de/ (17.11.2008)